输变电工程造价管理
检查要点口袋书

国网冀北电力有限公司经济技术研究院　组编

齐霞　等　编著

中国水利水电出版社
www.waterpub.com.cn

·北京·

图书在版编目（ＣＩＰ）数据

输变电工程造价管理检查要点口袋书 / 齐霞等编著；
国网冀北电力有限公司经济技术研究院组编. -- 北京：
中国水利水电出版社，2022.10
ISBN 978-7-5226-1028-3

Ⅰ．①输⋯ Ⅱ．①齐⋯②国⋯ Ⅲ．①输电－电力工
程－造价管理－中国②变电所－电力工程－造价管理－中
国 Ⅳ．①TM7②TM63

中国版本图书馆CIP数据核字(2022)第183717号

书　名	输变电工程造价管理检查要点口袋书 SHUBIANDIAN GONGCHENG ZAOJIA GUANLI JIANCHA YAODIAN KOUDAISHU
作　者	国网冀北电力有限公司经济技术研究院　组编 齐霞　等　编著
出版发行	中国水利水电出版社 （北京市海淀区玉渊潭南路 1 号 D 座　100038） 网址：www.waterpub.com.cn E - mail：sales@ mwr. gov. cn 电话：(010) 68545888（营销中心）
经　售	北京科水图书销售有限公司 电话：(010) 68545874、63202643 全国各地新华书店和相关出版物销售网点
排　版	中国水利水电出版社微机排版中心
印　刷	北京印匠彩色印刷有限公司
规　格	90mm×125mm　64 开本　1.625 印张　28 千字
版　次	2022 年 10 月第 1 版　2022 年 10 月第 1 次印刷
定　价	28.00 元

凡购买我社图书，如有缺页、倒页、脱页的，本社营销中心负责调换

本书编委会

主编：齐　霞

参编：张　岩　张晓曼　曾凡梅
　　　卫　超　程　序　张萌萌

前　言

　　为了更好地落实国家电网有限公司对工程造价管理工作的要求，深入贯彻"六精四化"的管理理念，努力践行电网建设向高质量方向发展的新要求，遵循"问题导向、管理补强、理念转变、能力提升"的总体原则，国网冀北电力有限公司特组织相关专家依据最新的相关专业标准、规程、规定制度，围绕技经专业高质量发展目标，把握造价管理基本规律，对输变电工程造价管理制度、流程、成果等进行梳理提炼，形成《输变电工程造价管理检查要点口袋书》。

本口袋书对进一步加强输变电工程造价管理精益化、推动输变电工程造价管理规范化具有十分重要的意义，有助于进一步提高造价高质量管理水平，推进造价管理标准化建设，持续提升电网建设依法依规管理水平。

作者

2022 年 7 月

目 录

总　则

（1）本口袋书是贯彻国家电网有限公司造价管理"六个体系"建设，聚焦"六精四化"电网建设管理理念，推动技经专业高质量发展，依据国家行政法规、行业相关文件、国家电网有限公司文件及标准、国网冀北电力有限公司（以下简称省公司）文件，并结合输变电工程造价管控特点和需求编制而成。

（2）本口袋书从工程建设流程角

度进行系统梳理，共包含了管理制度、管理职责、概算管理、施工图预算管理、现场造价管理、结算管理与重点费用管理七方面重点内容，明确了基建工程各阶段技经工作的检查要点。

（3）本口袋书适用于 35~750kV 输变电工程造价管理成效监督检查工作，可作为省公司、建设管理单位、业主项目部、监理、设计、施工等单位造价管理的作业指导书。

编制依据

① 编制原则

（1）合理造价

贯彻全生命周期成本最优管理理念，在保障工程安全可靠的前提下，综合考虑建设运行成本，合理确定工程造价。

（2）合理依据

遵守国家法律法规、行业规范和公司规章制度，确保工程造价有统一合规的依据。

（3）合理程序

规范技经管理业务流程，明确职责划分和工作内容，提高工作效益和效率。

（4）精准高效控制

强化工程造价关键环节集约化和专业化管控，通过对估算、概算、预算、结算等各环节管控，提升造价精准管理水平。

② 编制依据文件

包括但不限于：

国家行政法规和行业相关文件

（1）《保障农民工工资支付条例》

（国务院令第 724 号）

（2）《电力工程造价与定额管理总站 关于发布应对新型冠状病毒肺炎疫情期间电力工程项目费用计划和调整指导意见的通知》（定额〔2020〕6 号）

国家电网有限公司文件及标准

注意：不注日期的文件，其最新版本（包括所有修改单）适用本书。

（1）《国家电网公司基建技经管理规定》[国网（基建 /2）175]

（2）《国家电网有限公司输变电工程设计施工监理队伍选择专业管理办法》[国网（基建 /3）116]

（3）《国家电网有限公司输变电工程施工图预算管理办法》〔国网（基建/3）957〕

（4）《国家电网公司输变电工程设计变更与现场签证管理办法》〔国网（基建/3）185〕

（5）《国网基建部关于加强输变电工程设计施工"三量"核查的意见》（基建技经〔2021〕51号）

（6）《输变电工程监理费计列指导意见（2021年版）》（国家电网电定〔2021〕29号）

（7）《国网基建部关于规范开展输变电工程新冠肺炎疫情防控相关费用调整和计划的通知》（基建技经

〔2020〕14 号）

（8）《国家电网有限公司关于保障输变电工程建设农民工工资支付的通知》（国家电网基建〔2020〕151 号）

（9）《国网基建部关于应用"e安全"加强输变电工程现场农民工工资支付工作的通知》（基建技经〔2020〕70 号）

（10）《国网基建部关于进一步加强输变电工程造价精准管控的意见》（基建技经〔2019〕61 号）

（11）《国家电网有限公司关于加强输变电工程现场造价标准化管理的意见》（基建技经〔2019〕19 号）

（12）《国家电网有限公司关于加

强输变电工程施工图预算精准管控的意见》〔国家电网基建〔2018〕1061号〕

（13）《国家电网有限公司关于进一步加强输变电工程结算精益化管理的指导意见》（国家电网基建〔2018〕567号）

（14）《国网基建部关于规范输变电工程安全文明施工费计列与使用的意见》（基建技经〔2018〕102号）

（15）《国网基建部关于加强输变电工程分部结算管理的实施意见》（基建技经〔2018〕96号）

（16）《国家电网公司基建技经管理风险防控工作指导意见（试行）》（基建技经〔2016〕126号）

（17）《国家电网公司关于进一

步规范电网工程建设管理的若干意见》
（国家电网基建〔2014〕87号）

（18）《国家电网公司输变电工程勘察设计费概算计列标准（2014年版）》（国家电网电定〔2014〕19号）

（19）《国家电网公司关于印发加强输变电工程其他费用管理意见的通知》（国家电网基建〔2013〕1434号）

（20）《国家电网有限公司输变电工程施工图预算（综合单价法）编制规定》（Q/GDW 11873—2018）

（21）《输变电工程工程量清单计价规范》（Q/GDW 11337—2014）

国网冀北电力有限公司文件：

（1）《国网冀北电力有限公司建设部关于进一步加强输变电工程结算管理的指导意见》（冀建设〔2022〕6号）

（2）《国网冀北电力有限公司关于进一步提升输变电工程造价管理成效的指导意见》（冀北电建设〔2021〕292号）

（3）《国网冀北电力有限公司建设部关于进一步加强电网基建工程项目法人管理费使用管理的通知》（冀建设〔2018〕82号）

参考图书

（1）《电网工程建设预算编制与计算规定（2018年版）》

（2）《基建技经管理标准化手册》

（3）《输变电工程造价管理标准化手册　现场交底》

管理制度

① 管理制度执行情况

检查要点

检查是否严格执行公司输变电工程造价管理相关规定，管理流程是否顺畅，协同机制是否健全，责任是否落实到位。

检查依据

（1）《国家电网公司基建技经管理规定》

（2）《国网冀北电力有限公司建设部关于进一步加强输变电工程结算管理的指导意见》

（3）《国网冀北电力有限公司关于进一步提升输变电工程造价管理成效的指导意见》

≡ 检查资料

省公司实施细则、总结汇报材料等。

② **闭环整改情况**

检查要点

（1）上一年度造价管理深度检查发现的问题是否完成整改，整改措施和主要证明材料是否完整有力，如退款、调整证明文件、整改报告等。

（2）结合历年来检查发现的问题，检查是否采取相应措施加强管理，措施反馈情况是否良好，能否有效防止出现类似问题。

检查依据

（1）《国家电网公司基建技经管理规定》

（2）《国家电网公司基建技经管理风险防控工作指导意见（试行）》

（3）《国网冀北电力有限公司建设部关于进一步加强输变电工程结算管理的指导意见》

（4）《国网冀北电力有限公司关于进一步提升输变电工程造价管理成效的指导意见》

■≡ 检查资料

总结汇报材料、整改资料、技经管理风险防范规范性控制表、省公司实施细则等。

二

管理职责

③ 省公司管理职责

检查要点

（1）检查省公司技经人员到岗到位情况。

（2）检查省公司相关部门、各专业协作配合机制是否运行良好。

检查依据

（1）《国家电网公司基建技经管

理规定》

（2）《国家电网公司关于进一步规范电网工程建设管理的若干意见》

（3）《国网冀北电力有限公司建设部关于进一步加强输变电工程结算管理的指导意见》

（4）《国家电网有限公司关于加强输变电工程现场造价标准化管理的意见》

检查资料

总结汇报材料、相关考核办法、工程资料。

④ 建设管理单位管理职责

检查要点

（1）检查业主项目部、建设管理单位技经人员到岗到位情况。

（2）检查业主项目部、建设管理单位技经人员造价管理职责落实情况。

检查依据

（1）《国家电网公司基建技经管理规定》

（2）《国家电网有限公司关于加强输变电工程现场造价标准化管理的意见》

（3）《国家电网公司关于进一步规范电网工程建设管理的若干意见》

（4）《国网冀北电力有限公司建设部关于进一步加强输变电工程结算管理的指导意见》

≡ 检查资料

总结汇报材料、相关考核办法、工程资料。

⑤ 支撑保障单位管理职责

检查要点

（1）检查省经济技术研究院（简称经研院）技经人员到岗到位情况。

（2）检查省经研院专业支撑责任落实情况。

（3）检查省公司建设部是否有效管控经研院业务支撑工作，是否对经研院支撑工作效果采取量化考核评价。

（4）检查是否对施工、监理、设计、造价咨询等参建单位进行管控、评价、考核，有无行之有效的评价考核办法。

检查依据

（1）《国家电网公司基建技经管理规定》

（2）《国家电网有限公司关于加强输变电工程现场造价标准化管理的意见》

（3）《国家电网公司关于进一步

规范电网工程建设管理的若干意见》

≡ 检查资料

　　总结汇报材料、相关考核办法、工程资料。

三

概算管理

6 工程投资精准度

检查要点

（1）检查结算是否超概算、预算是否超概算。

（2）检查概算成果是否满足精准度要求。

检查依据

《国家电网有限公司关于进一步加

强输变电工程结算精益化管理的指导意见》

≡ 检查资料

批准概算书、施工图预算、竣工结算等。

四

施工图预算管理

⑦ 施工图预算评审管理

检查要点

（1）检查是否全面实施施工图预算管理，是否将施工图预算编制与审核时间节点嵌入年度电网建设进度计划。

（2）检查是否实行施工图工程量清单招标，是否经施工图文件审查、工程量清单及最高投标限价审查后，开展施工招标工作。

（3）检查施工图预算评审是否按照计划开展。

（4）检查是否开展施工图预算成效评价，是否通过定性定量分析项目概算、预算、结算投资的变化情况和反映的成效。

👤 检查依据

（1）《国家电网有限公司输变电工程施工图预算管理办法》

（2）《国家电网有限公司关于进一步加强输变电工程结算精益化管理的指导意见》

（3）《国家电网有限公司关于加强输变电工程施工图预算精准管控的意见》

👤≡ 检查资料

初步设计评审意见、批复文件、批准概算书，施工图预算、施工图预算审查意见、施工图预算评审计划、施工招标公告及招标文件等。

⑧ 预算依据合规性

检查要点

（1）检查是否依据国家、行业及公司颁发的计价标准和办法编制预算。

（2）检查是否依据施工图图纸、施工组织设计大纲、设备材料清册等技术资料进行施工图预算编制。

（3）检查施工图设计文件、施工图预算是否与初步设计批复主要原则一致。

检查依据

（1）《国家电网有限公司输变电工程施工图预算管理办法》

（2）《国家电网有限公司关于进一步加强输变电工程结算精益化管理的指导意见》

（3）《国家电网有限公司关于加强输变电工程施工图预算精准管控的意见》

（4）《输变电工程工程量清单计价规范》

▲≡ 检查资料

初步设计评审意见、批复文件、批准概算书，施工图预算、施工图预算审查意见、施工图纸、施工组织设计大纲、设备材料清册等。

⑨ 预算"工程量"

· 检查要点 ·

对照施工图预算，重点抽查主要工程量指标。分专业审查内容如下所述。

（1）建筑工程：

①核查总平布置、地基处理方式、建筑结构等施工图是否与初步设计一致；

②变电建筑工程建筑面积是否与施工图纸相符、土石方工程量、进站道路工程工程量是否与施工图纸、设计提资一致；

③地基处理、桩基础、场地平整工程量是否准确，技术经济指标是否合理；

④泥浆处置费用、余土外运计列是否合理；

⑤模块化变电站钢结构、内外墙板工程量是否与施工图纸相符。

（2）安装工程：

①设备安装数量、电力电缆量、控制电缆量、接地工程量、复合支架量是否与施工图纸相符；

②调试项目计列是否正确。

（3）架空线路工程：

①核查线路路径、气象条件、地形比例、材料站设置、运输方式、运距施工图是否与初步设计一致；

②核查塔基数、塔材量、土方量、混凝土量、钢筋量、线路长度、导线量是否准确；

③核查排水沟、挡墙、护坡、围堰等工程量是否准确。

（4）电缆线路工程：

①核查电缆线路路径、回路数、电缆及主要附件类型施工图是否与初步设计一致；

②核查电缆长度、电缆终端头数量、电缆中间头数量、接地保护箱、电缆排

管顶管长度等主要工程量是否准确。

检查依据

（1）《国家电网有限公司输变电工程施工图预算（综合单价法）编制规定》

（2）《国家电网有限公司关于加强输变电工程施工图预算精准管控的意见》（国家电网基建）

（3）《国网冀北电力有限公司建设部关于进一步加强输变电工程结算管理的指导意见》

（4）《输变电工程工程量清单计价规范》

👤≡ 检查资料

施工图预算、施工图预算审查意见、施工招标文件、施工招标工程量清单、施工图纸等。

⑩ 预算"价"

检查要点

（1）检查已招标设备、材料是否按照合同计入；检查未招标的主要设备价格是否按最新信息价格计列。

（2）检查钢材、水泥、混凝土等材料价格是否依据工程所在地建设主管部门发布的地方材料信息价或经调研确认的市场价。

（3）检查定额人工、材机调整系数是否执行定额站发布的调整系数。

检查依据

（1）《国家电网有限公司输变电工程施工图预算（综合单价法）编制规定》

（2）《国家电网有限公司关于加强输变电工程施工图预算精准管控的意见》

（3）《国网冀北电力有限公司建设部关于进一步加强输变电工程结算管理的指导意见》

（4）《输变电工程工程量清单计价规范》

▲≡ 检查资料

初步设计评审意见、批复文件、批准概算书，施工图预算、施工图预算审查意见、施工招标文件、施工招标工程量清单、最高投标限价、施工图纸、信息价、市场价、人材机调整系数文件等。

⑪ 预算"费"

检查要点

（1）检查预算与批准概算、预算与结算的各项费用对比分析，分别对建筑工程费、安装工程费、设备购置费、其他费用等四项费用进行对比分析，审查预算的合理性和精准性。

（2）检查是否应用标准参考价进行预算控制。

（3）检查其他费用项目划分、费用构成及计算标准是否严格执行《电网工程建设预算编制与计算规定（2018年版）》。

（4）检查是否计列《电网工程建设预算编制与计算规定（2018年版）》规定外的费用。

（5）检查建设场地征用及清理费是否执行工程所在地政府部门发布的文件标准或者该地区同类工程近期赔偿价计列。

（6）检查勘察设计费是否按照合

同价计列。

（7）检查监理费是否按照规定计列。

（8）检查大件运输费是否依据经审核的大件运输方案计列。

👤 **检查依据**

（1）《国家电网有限公司输变电工程施工图预算（综合单价法）编制规定》

（2）《国家电网有限公司关于加强输变电工程施工图预算精准管控的意见》

（3）《国网冀北电力有限公司建设部关于进一步加强输变电工程结算管理的指导意见》

（4）《输变电工程工程量清单计

价规范》

（5）《电网工程建设预算编制与计算规定（2018年版）》

👤≡ 检查资料

初步设计评审意见、批复文件、批准概算书，施工图预算、施工图预算审查意见、施工招标文件、施工图纸、结算文件、赔偿标准文件、合同、特殊项目措施方案等。

五

现场造价管理

⑫ 基础建设管理

检查要点

（1）检查业主、施工、监理项目部技经人员是否到位。

（2）检查业主、施工、监理项目部造价管理职责是否落实。

（3）检查建设管理单位是否对现场造价管理进行监督检查。

（4）检查《建设管理纲要》等文

件中是否明确造价管理目标。

（5）检查总结汇报材料是否涵盖造价管理内容。

（6）检查现场人员对造价管理制度掌握情况。

（7）检查现场造价问题处理情况，有无会议纪要或记录。

（8）检查现场资料是否完整、规范：工程相关的合同、批复初步设计概算、施工图预算、工程量清单、招标文件、投标文件、分部结算书、设计变更现场签证、隐蔽工程记录等资料是否齐全。

检查依据

（1）《国家电网有限公司关于加强

输变电工程现场造价标准化管理的意见》

（2）《国网基建部关于进一步加强输变电工程造价精准管控的意见》

（3）《国网基建部关于加强输变电工程分部结算管理的实施意见》

（4）《国家电网公司输变电工程勘察设计费概算计列标准（2014年版）》

（5）《国家电网公司输变电工程设计变更与现场签证管理办法》

（6）《国家电网公司关于印发加强输变电工程其他费用管理意见的通知》

（7）《电网工程建设预算编制与计算规定（2018年版）》

（8）《基建技经管理标准化手册》

（9）《输变电工程造价管理标准

化手册　现场交底》

（10）《输变电工程工程量清单计价规范》

检查资料

总结汇报材料、《建设管理纲要》、现场问答、三个项目部成立文件(包含人员组成)、施工日志、监理日志，设计变更与现场签证，已发生费用的支撑性资料、凭证以及相应支出协议合同，设计施工监理合同，设计监理施工招标文件、投标文件、中标通知书，初步设计批复文件、批复初步设计概算，施工图预算、工程量清单、工程进度款支付凭证，会议纪要或会议记录，分部结算书、施工图纸、隐蔽工程记录资料等。

⑬ 施工图预算现场执行

> **检查要点**
>
> （1）检查开工后是否以审定施工图、施工图预算为执行基准，严格按照施工图施工；是否存在以升版图代替设计变更、无图施工等行为。
>
> （2）检查是否依据审定施工图预算，结合分部结算金额对现场造价波动实施动态监测；是否对实际工程造价与审定施工图预算进行差异分析，制定针对性防控措施。

🔍 检查依据

（1）《国家电网有限公司关于加强输变电工程现场造价标准化管理的意见》

（2）《国网基建部关于进一步加强输变电工程造价精准管控的意见》

（3）《国网基建部关于加强输变电工程分部结算管理的实施意见》

（4）《国家电网公司输变电工程设计变更与现场签证管理办法》

（5）《电网工程建设预算编制与计算规定（2018年版）》

（6）《基建技经管理标准化手册》

（7）《输变电工程工程量清单计价规范》

▲☰ 检查资料

　　施工日志、监理日志,设计变更与现场签证,已发生费用的支撑性资料、凭证以及相应支出协议合同,施工图纸、施工图预算,会议纪要或会议记录,分部结算书、人材机调整文件等。

⑭ 资金管理

检查要点

　　(1)检查是否按照合同约定支付周期支付预付款。

　　(2)检查是否按照合同约定支付周期支付进度款。

（3）检查进度款是否与现场实际已完工程量相符，是否存在进度款超现场实际工作量支付，或进度款支付不足、拖欠支付。

（4）检查建设场地征用及清理费：

①赔（补）偿项目是否符合规定，做到专款专用、独立核算［检查赔（补）偿项目有无存在施工费用、项目法人管理费、劳务费、工作经费与协调费（工程所在地政府有文件规定除外）］等内容；

②是否依据赔偿协议、原始票证、赔偿明细清单等资料进行支付；

③是否存在以伪造拆迁补偿合同或收据、虚报房屋树木拆迁数量等手段套取工程资金的现象；

④是否存在现金支付现象;

⑤项目建设场地征用及清理费资料是否及时完整、与实际赔偿进度相符。

(5)检查项目法人管理费:

①是否按规定使用项目法人管理费,有无列支批准概算外项目费用;

②是否列支与本工程无关的管理费用(包括其他项目的费用、与本项目无关的会议费、办公费、办公场所装修、信息系统维护、招待费等)。

👤 检查依据

(1)《国家电网有限公司关于加强输变电工程现场造价标准化管理的意见》

(2)《国网基建部关于进一步加

强输变电工程造价精准管控的意见》

（3）《国家电网公司输变电工程设计变更与现场签证管理办法》

（4）《国家电网公司关于印发加强输变电工程其他费用管理意见的通知》

（5）《国网冀北电力有限公司建设部关于进一步加强电网基建工程项目法人管理费使用管理的通知》

（6）《电网工程建设预算编制与计算规定（2018年版）》

（7）《基建技经管理标准化手册》

（8）《输变电工程造价管理标准化手册　现场交底》

（9）《输变电工程工程量清单计价规范》

🔲 检查资料

工程进度款支付凭证，已发生费用的支撑性资料、凭证以及相应支出协议合同，项目建设场地征用及清理费、法人管理费的支撑性佐证材料，设计变更与现场签证等。

⑮ 设计变更与现场签证

检查要点

（1）检查是否按制度规定的工作流程和管理权限审批，是否存在先实施后补设计变更、现场签证单，是否按照规定对设计变更、现场签证执行情况进行验收。

（2）检查设计变更、现场签证内容是否能准确说明对应的变更卷册号及图号、是否明确原因、内容、工程量及费用变化等要素，是否提供预算书、现场照片等完整的支撑性资料。

（3）检查涉及费用变化的设计变更、现场签证是否能准确反映量和价。

（4）检查是否存在规避重大设计变更（签证）单，存在拆分工程设计变更、现场签证，或以设计图纸升版代替变更的情况。

（5）检查是否存在虚假设计变更、现场签证。

🖊 检查依据

（1）《国家电网公司输变电工程设计变更与现场签证管理办法》

（2）《国家电网有限公司关于加强输变电工程现场造价标准化管理的意见》

（3）《国网基建部关于进一步加强输变电工程造价精准管控的意见》

（4）《国家电网有限公司关于进一步加强输变电工程结算精益化管理的指导意见》

（5）《国网冀北电力有限公司建设部关于进一步加强输变电工程结算管理的指导意见》

（6）《基建技经管理标准化手册》

（7）《输变电工程造价管理标准化手册　现场交底》

📋 检查资料

已发生费用的支撑性资料、凭证以及相应支出协议合同，施工过程中签订的设计变更审批单、现场签证审批单及相关佐证材料，包括但不限于：变更图纸、示意图、施工措施方案、设计单位或施工单位出具的预算书、咨询单位出具的审定费用计算书、协议、会议纪要、委托书、发票（收据）、银行往来凭证、现场照片等。

⑯ 分部结算执行情况

检查要点

（1）检查省公司作为输变电工程项目法人单位，是否指导、评价建设管理单位分部结算实施情况，分部结算过程管理是否规范。

（2）检查建设管理单位作为分部结算的责任主体，是否根据工程实际情况选择分部结算方式实施分部结算，分部结算计划编制、控制、审核确认工作是否到位。

（3）检查业主项目部是否落实分部结算管理要求，审核设计变更和现场签证,组织施工单位提交分部结算资料,及时确认完工工程量,预审并上报工程分部结算,配合分部结算其他相关工作。

（4）检查设计、监理、施工、结算审核单位是否按照合同约定及业主项目部要求完成施工图纸提供、变更及签证签认、分部结算资料上报、分部结算资料审核等工作,施工工程量变化是否经业主、设计、监理、施工、结算审核单位进行五方签认。

（5）检查分部结算准确性,是否以施工图为依据,对现场实际发生工程量准确计量;价款调整原则是否符合合同约定。

（6）检查是否存在预估未完工程量、未完先结情况。

检查依据

（1）《国网基建部关于加强输变电工程设计施工"三量"核查的意见》

（2）《国家电网有限公司关于加强输变电工程现场造价标准化管理的意见》

（3）《国网基建部关于进一步加强输变电工程造价精准管控的意见》

（4）《国网基建部关于加强输变电工程分部结算管理的实施意见》

（5）《基建技经管理标准化手册》

（6）《输变电工程造价管理标准化手册 现场交底》

■≡ 检查资料

分部结算计划，分部结算书、施工图纸，施工日志、监理日志，设计变更与现场签证,已发生费用的支撑性资料、凭证以及相应支出协议合同,施工合同,施工投标文件，施工图预算，会议纪要或会议记录等。

六

结算管理

⑰ 结算前置条件落实

检查要点

（1）检查是否以实际竣工投产为前提开展工程结算，是否存在未投先结、虚假结算情况。

（2）检查各单项工程的结算工作计时起点是否与投产签证书、竣工验收报告、基建管控系统时间一致。

🔍 检查依据

（1）《国家电网有限公司关于进一步加强输变电工程结算精益化管理的指导意见》

（2）《国网冀北电力有限公司建设部关于进一步加强输变电工程结算管理的指导意见》

👤 检查资料

一级网络计划、竣工验收报告、投产签证书、竣工结算报告等。

(18) 结算依据合规性

检查要点

（1）检查是否严格执行施工合同约定。

（2）检查是否采用未经签认或盖章的纪要、通知。

（3）检查结算资料是否完整、准确，且及时归档。

检查依据

（1）《国家电网有限公司关于进一步加强输变电工程结算精益化管理的指导意见》

（2）《国网基建部关于加强输变

电工程分部结算管理的实施意见》

（3）《国网冀北电力有限公司建设部关于进一步加强输变电工程结算管理的指导意见》

👤☰ 检查资料

可行性研究批复文件、初步设计批复文件及概算、施工图预算及评审意见、施工招标工程量清单、最高投标限价、设计施工监理招标文件、投标文件、中标通知书、设计施工监理合同、补充协议、纪要、开工报告、竣工验收报告、投产签证书、设计变更与现场签证、隐蔽工程验收记录、施工日志、监理日志、地勘报告、试验报告，现场人员管理系统结算资料、使用、摊销记录，竣工结算送审书、审定书、工程量计算式、物资结算报告，建设场地征用及清理费用结算资料、合同、支出凭证，项目法人管理费结算资料、支出凭证，安全文明施工费结算资料、支出凭证，施工结算审核报告、施工图纸、竣工结算报告、设计监理结算书、风险防控评价、合同履约评价、工程结算移交规范性控制表等。

⑲ 结算"工程量"

检查要点

（1）检查实际结算的工程范围是否与合同中约定的承包范围一致。

（2）检查结算工程量是否存在虚列，结算工程量是否根据设计院提供的施工图纸、设计变更及现场签证、隐蔽工程的验收记录及影像资料确定。

（3）对照施工结算审核报告，分专业重点管控内容如下所述。

1）建筑工程：

①建筑面积、土石方、地基处理、墙体、钢结构、厂区性建筑工程（不含土石方）、进站道路、给排水、采暖、通风、照明、消防等工程量与施工结算审核报告是否一致；

②泥浆处置、余土外运工程量是否合理；

③模块化变电站钢结构、内外墙板

工程量是否一致；

④场地平整、站外水源、站外电源、站外道路等工程量是否一致。

2）安装工程：

①设备（变压器、配电装置、母线、绝缘子等）安装数量、甲供材料量、电力电缆量、控制电缆量、接地工程量、复合支架量与实际工程量是否相符；

②调试项目费用计列是否合理。

3）架空线路工程：

①塔基数、塔材量、土方量、混凝土量、钢筋量、线路长度、导线量等与实际工程量是否相符；

②排水沟、挡墙、护坡、围堰等工程量计列是否合理。

4）电缆线路工程：电缆长度、电缆终端头数量、电缆中间头数量、接地保护箱、电缆排管顶管长度等工程量与施工结算审核报告是否一致。

检查依据

（1）《国网基建部关于加强输变电工程设计施工"三量"核查的意见》

（2）《国网基建部关于规范输变电工程安全文明施工费计列与使用的意见》

（3）《国家电网有限公司关于进一步加强输变电工程结算精益化管理的指导意见》

（4）《国网冀北电力有限公司建设部关于进一步加强输变电工程结算管

理的指导意见》

（5）《输变电工程工程量清单计价规范》

（6）《电网工程建设预算编制与计算规定（2018 年版）》

▤ 检查资料

施工图预算、施工招标工程量清单、最高投标限价、设计施工监理招标文件、投标文件、投标报价、中标通知书、设计施工监理合同、补充协议、纪要、开工报告、竣工报告、设计变更与现场签证、隐蔽工程验收记录、施工日志、监理日志、地勘报告、试验报告、现场人员管理系统结算资料、使用、摊销记录、投产证书、竣工结算送审书、审定书、工程量计算式、物资结算报告、安全文明施工费结算资料、支出凭证、施工结算审核报告、施工图纸、竣工图纸、竣工结算报告等。

⑳ 结算"价"

检查要点

（1）检查结算原则与合同条款是否保持一致。

（2）检查是否落实合同约定的考核评价条款。

（3）检查是否存在不合理费用。

（4）检查合同价款变更是否按照

合同及合同补充协议中所确定的原则执行（对照施工结算审核报告，重点关注综合单价有变化的结算项目）。

1）招标中给定的工程量清单项目，若项目特征无变化，执行签约合同综合单价。

2）新增清单项目在招标清单中没有适用但有类似项目的，参照类似项目的综合单价组价方式新增综合单价。

3）新增清单项目在招标清单中没有适用也没有类似的，需重新组价。

（5）检查人、材、机费用的审核：

1）是否依据国家或省级、行业建设主管部门颁布的调整文件进行调整。

2）调整期限是否符合合同约定。

3）判断材料、机械台班价格变化风险的归属是否与合同约定一致。

4）承包人代购甲供装置性材料、设备价格是否提供相关发票或者与供货商签订的供货合同，价格是否经建设单位确认后计入结算。

（6）检查措施项目费用的审核：

1）安全文明措施费用是否按《国网基建部关于规范输变电工程安全文明施工费计列与使用的意见》（基建技经〔2018〕102号）规定执行。

2）与分部分项实体消耗相关的措施项目，是否依据分部分项工程的实体工程量的变化、双方确定的工程量、合同约定的综合单价进行结算。

3）独立性的措施项目是否按合同价中相应的措施项目费用进行结算。

4）与整个建设项目相关而综合取定的措施项目费用，是否参照投标报价或合同约定的取费基数及费率进行结算。

5）具体措施项目应提供的资料：

①施工降（排）水工程量应以设计图纸、施工方案为准，同时提供业主、监理、设计、施工项目部签认的四方确认单、影像资料、施工日志、监理日志；

②临时（永久）围堰、永久隔离围栏提供施工方案；

③施工过程新增特殊跨越工程量以施工方案与业主、监理、设计、施工项目部签认的四方确认单为依据，同时提

供影像资料;

④110kV 及以上工程提供带电跨越措施方案，35kV 及以下工程提供运行单位、建设管理单位、监理单位、施工单位盖章确认的带电跨越措施佐证资料;

⑤其他隐蔽工程和措施项目执行《国网基建部关于加强输变电工程设计施工结算"三量"核查的意见》要求。

（7）检查设备、甲供材料结算的审核:

1）设备、甲供材料领用量是否与竣工图量保持一致。

2）增补采购的设备、甲供材料增补手续是否完整（重点关注乙供改甲供、甲供改乙供、甲供、乙供物资范围变化的情况，是否办理相关审批手续）。

3）产生变更的设备、材料价格是否履行相关审批流程。

👤 检查依据

（1）《国网基建部关于加强输变电工程设计施工"三量"核查的意见》

（2）《国网基建部关于规范输变电工程安全文明施工费计列与使用的意见》

（3）《国家电网有限公司关于进一步加强输变电工程结算精益化管理的指导意见》

（4）《国网基建部关于加强输变电工程分部结算管理的实施意见》

（5）《国网冀北电力有限公司建

设部关于进一步加强输变电工程结算管理的指导意见》

（6）《输变电工程工程量清单计价规范》

（7）《电网工程建设预算编制与计算规定（2018 年版）》

▲☰ 检查资料

施工图预算、施工招标工程量清单、最高投标限价、设计施工监理招标文件、投标文件、投标报价、中标通知书、设计施工监理合同、补充协议、纪要、开工报告、竣工报告，风险防控评价、合同履约评价、人、材、机调整文件，新增、重组综合单价确认单，设计变更与现场签证、隐蔽工程验收记录、施工日志、监理日志、地勘报告、试验报告、现场人员管理系统结算资料、使用、摊销记录、分部结算书，特殊项目审定方案，投产证书、竣工结算送审书、审定书、工程量计算式、物资结算报告、建设场地征用及清理费用结算资料、合同、支出凭证、项目法人管理费结算资料、支出凭证、安全文明施工费结算资料、支出凭证、施工结算审核报告、施工图纸、竣工图纸、竣工结算报告、设计监理结算书等。

㉑ 建设场地征用及清理费

检查要点

（1）检查赔（补）偿项目是否符合规定，是否做到专款专用、独立核算；赔（补）偿项目是否违规存在施工费用、项目法人管理费、劳务费、工作经费与协调费（工程所在地政府有文件规定除外）等内容。

（2）检查是否依据赔偿协议、原始票证、赔偿明细清单等资料进行结算。

（3）检查是否存在伪造拆迁补偿合同或收据、虚报房屋树木拆迁数量等手段套取工程资金的现象。

六

（4）检查项目建设场地征用及清理费资料是否按规定归档。

检查依据

（1）《国家电网有限公司关于进一步加强输变电工程结算精益化管理的指导意见》

（2）《国家电网公司关于印发加强输变电工程其他费用管理意见的通知》

（3）《国网冀北电力有限公司建设部关于进一步加强输变电工程结算管理的指导意见》

检查资料

建设场地征用及清理结算相关资

料,包括赔偿协议(合同)、发票(收据)、银行往来凭证、付款凭证、赔偿清单、现场照片等。

㉒ 项目法人管理费

检查要点

(1)检查是否按规定使用项目法人管理费,是否存在列支批准概算外项目费用。

(2)检查是否存在列支与本工程无关的管理费用(包括其他项目的费用、与本项目无关的会议费、办公费、办公场所装修、信息系统维护、招待费等)。

检查依据

（1）《国网冀北电力有限公司建设部关于进一步加强电网基建工程项目法人管理费使用管理的通知》

（2）《国家电网公司关于印发加强输变电工程其他费用管理意见的通知》

（3）《国网冀北电力有限公司建设部关于进一步加强输变电工程结算管理的指导意见》

检查资料

项目法人管理费用的财务支出清单、凭证以及相应支出协议、合同等。

㉓ 勘察设计、监理费

检查要点

（1）检查结算原则与合同条款是否保持一致。

（2）检查勘察设计、监理费是否依据合同约定加强设计、监理考核评价。

检查依据

（1）《输变电工程监理费计列指导意见（2021年版）》

（2）《国家电网有限公司输变电工程设计施工监理队伍选择专业管理办法》

（3）《国家电网公司关于印发加强

输变电工程其他费用管理意见的通知》

（4）《国网冀北电力有限公司建设部关于进一步加强输变电工程结算管理的指导意见》

👤☰ **检查资料**

勘察设计合同、监理合同以及结算定案表、合同履约评价等

㉔ 大件运输措施费

检查要点

（1）检查大件运输措施费是否依据合同、招标文件（委托函）、施工单位（或大件运输单位）投标文件、审定

运输方案及相关资料进行结算。

（2）检查大件运输措施费是否重复支付。

🔍 检查依据

（1）《国家电网公司关于印发加强输变电工程其他费用管理意见的通知》

（2）《国网冀北电力有限公司建设部关于进一步加强输变电工程结算管理的指导意见》

📋 检查资料

大件运输措施合同、审定的运输方案、费用计算书等。

㉕ 其他服务类合同

检查要点

（1）检查注桩基检测合同、初步设计评审合同、施工图评审合同、工程结算咨询合同等结算是否合理。

（2）检查研究试验费结算是否规范准确，研究成果是否验收合格并取得相应验收意见。

检查依据

（1）《国家电网公司关于印发加强输变电工程其他费用管理意见的通知》

（2）《国网冀北电力有限公司建

设部关于进一步加强输变电工程结算管理的指导意见》

≜☰ 检查资料

其他服务类合同及相关佐证资料。

26 竣工结算报告应用情况

◌ 检查要点

（1）检查报告是否存在缺项漏项。

（2）检查报告内容、格式与公司规定是否一致。

（3）检查数据是否与施工结算审核报告一致。

（4）检查报告编制的时间是否满

足要求。

（5）检查报告中是否存在计列与本工程无关的费用。

（6）检查省公司是否对输变电工程结算报告进行审核批复。

检查依据

（1）《国家电网有限公司输变电工程结算管理办法》

（2）《国家电网有限公司输变电工程结算报告编制规定》

（3）《国网冀北电力有限公司建设部关于进一步加强输变电工程结算管理的指导意见》

■≡ 检查资料

输变电工程项目一级网络计划、竣工结算报告、结算批复文件等。

㉗ 结算时效

检查要点

（1）检查工程结算审批工作是否在规定时间内完成（220kV 及以上工程竣工后 100 日内完成，35～110kV 工程竣工后 60 日内完成）。

（2）检查工程结算移交工作是否在规定时间内完成（220kV 及以上工程竣工后 107 日内完成，35～110kV 工程竣工后 67 日内完成）。

👤 检查依据

（1）《国家电网有限公司关于进一步加强输变电工程结算精益化管理的指导意见》

（2）《国网冀北电力有限公司建设部关于进一步加强输变电工程结算管理的指导意见》

👥 检查资料

投产签证书、竣工验收报告、结算审批表、结算批复文件、结算资料移交控制表。

七

重点费用管理

(28) 防疫费用管理

检查要点

（1）检查采购防疫物资是否依据文件履行公司设计变更与现场签证手续。

（2）检查防疫物资现场签证是否合理列支费用，所提供的各种过程文件和成果资料是否齐全。

检查依据

（1）《电力工程造价与定额管理总站关于发布应对新型冠状病毒肺炎疫情期间电力工程项目费用计列和调整指导意见的通知》

（2）《国网基建部关于规范开展输变电工程新冠肺炎疫情防控相关费用调整和计列的通知》

（3）《国家电网有限公司关于进一步加强输变电工程结算精益化管理的指导意见》

检查资料

现场签证审批单、政府关于疫情情

况的通知、工程开复工通知或工程开复工审表（包括复工自查报告、复工方案、人员入场方案、现场疫情防控工作方案、现场疫情应急处置方案）、采购合同及发票、物资发放台账及现场领用使用记录（签字）。

㉙ 农民工工资管理

检查要点

（1）检查是否按要求完成农民工工资实名制报审表。

（2）检查是否设立专用账户，是否按要求及时完成农民工工资支付表，是否通过专用账户及时足额完成工资支付。

（3）检查建管单位是否及时完成人工费拨付，施工总承包单位是否建立农民工工资台账，是否按要求落实农民工工资承诺制。

👤 **检查依据**

（1）《保障农民工工资支付条例》

（2）《国网基建部关于应用"e安全"加强输变电工程现场农民工工资支付工作的通知》

（3）《国家电网有限公司关于保障输变电工程建设农民工工资支付的通知》

（4）《国家电网有限公司关于进一步加强输变电工程结算精益化管理的指导意见》

▤ 检查资料

农民工工资实名制报审表、农民工工资支付申请表、"e 安全"外农民工工资审批表、农民工工资台账、农民工工资专用账户资金流水清单、建设管理单位人工费支付台账、分包单位农民工工资承诺书。

七